L'IMPHY

OU

ROSEAU SUCRÉ DES CAFFRES-ZULU

(Holcus Saccharatus DE LINNÉE.)

COMPRENANT

UNE DESCRIPTION DE SES NOMBREUSES VARIÉTÉS,
SON MODE DE CULTURE, LA FABRICATION DU SUCRE ET DES AUTRES
PRODUITS PROVENANT DU JUS DE LA PLANTE.

PAR

LÉONARD WRAY,

Auteur du *Planteur de Canne à sucre*, du *Compagnon du Planteur*, etc., etc.

———

TRADUIT DE L'ANGLAIS.

———•———

PARIS

IMPRIMERIE GENERALE D'ADRIEN DELCAMBRE ET Cie,

RUE BREDA, 15.

———

1854

INTRODUCTION.

Il est incontestable que beaucoup d'inventions
et de procédés utiles connus et pratiqués par les
anciens ont, par certaines causes fâcheuses, été
perdus pour le monde et continuent à l'être de nos
jours. Beaucoup d'autres sont découverts de temps
en temps et restitués ainsi à la génération présente.
Ils y apparaissent cependant le plus fréquemment
plutôt comme découvertes et inventions nouvelles
et primitives que comme de simples restitutions à
la science humaine.

Un nombre assez considérable de ces inventions
nous a été rendu par des circonstances pure-
ment accidentelles, d'autres ont été véritable-
ment les découvertes et les inventions d'hommes
de génie des temps modernes ou bien les résultats de judicieuses observations, d'expérimenta-
tions habiles et de déductions pratiques, indépen-
dantes de toute idée antérieure traditionnelle ;

D'autres, enfin, ont été la juste récompense d'études sérieuses, et d'efforts persévérants, dans le but d'obtenir des résultats, que la tradition ou peut-être même des produits existants, démontraient avoir été réalisés dans des temps anciens, ce qui excitait les savants à s'efforcer de les découvrir de nouveau.

Dans ce nombre, deux produits, le verre et le fer, suffisent pour nous fournir de nombreux exemples de procédés perdus, découverts de nouveau et même de fabrications oubliées, et qui n'ont pu être retrouvées, bien que beaucoup d'hommes réellement pratiques se soient mis à leur recherche. Nous pourrions d'ailleurs passer sur ces remarques et affirmer qu'il y a quelques arts et fabrications, sinon beaucoup, qui sont connus et pratiqués par les Chinois, et que certainement les Européens ne connaissent pas.

Bon nombre de leurs inventions simples et ingénieuses nous sont ou totalement inconnues ou sont simplement mentionnées par des voyageurs plus ou moins observateurs ; leurs récits ont été si inexacts et si incomplets que leur principe et l'importance de leur application n'ont pu être appréciés.

Qui oserait affirmer que beaucoup de connaissances utiles, relatives à divers arts (dont nous ignorons même l'existence) n'existent pas dans les îles du Japon? Je gage qu'il n'est pas d'homme sensé qui voulût avancer une telle idée. Je veux arriver par là à montrer que lorsqu'on met au jour une découverte, on ne doit pas se décourager, si après un examen approfondi, on trouve qu'on n'est en réalité qu'un second inventeur, et qu'on ne fait que doter sa génération et son pays, sous une forme pratique, d'une invention déjà connue et essayée dans les siècles passés.

Il est du reste un principe très-sagement reconnu par les lois de presque toutes les nations civilisées du siècle présent, à savoir : que tout individu faisant une découverte ou retrouvant une invention perdue, ou même introduisant dans la pratique une découverte de manière à la rendre utile, doit jouir des avantages et bénéfices découlant d'un brevet, ou protection accordée pendant une période de plusieurs années, période variant suivant les lois des différents pays où un tel brevet est accordé.

Si ces précautions sages et éclairées n'étaient pas prises, combien de centaines d'importantes découvertes et d'inventions continueraient à rester indéfiniment dans cet état d'oubli auquel les avaient condamné, dans les siècles passés, soit la mort accidentelle de l'inventeur, soit sa pauvreté, soit même une faible entrave. Nous voyons même de nos jours combien d'inventions vraiment utiles restent languissantes, et sans usage dans l'industrie par le manque d'énergie de l'inventeur, ou par défaut d'encouragement. Nous pouvons donc comprendre combien toutes ces causes, et d'autres encore, peuvent avoir influé sur la non réussite des inventions dans des siècles moins éclairés et moins entreprenants que les nòtres.

J'ai été conduit à ces quelques observations préliminaires, tant par les réflexions que m'a suggéré pendant ces derniers temps la lecture de l'histoire de la fabrication du sucre depuis les plus anciens documents qu'on possède sur ce sujet, que par l'inspection des plantes dont les naturels de divers pays extrayaient une sorte de sucre, avant que la culture de la canne à sucre fut aussi universellement répandue sur le globe.

En 1847, tandis que j'écrivais mon ouvrage « *Le Planteur de Cannes* (1) mon attention s'arrêta à cette idée (idée qui était presque une conviction), savoir, que *le roseau sucré*, dont il est si souvent parlé dans les auteurs anciens, comme employé au Maroc, en Ethiopie, en Egypte, en Arabie et dans l'Inde pour la fabrication du sucre, que ce nom de *roseau sucré*, pourrait bien ne pas avoir été toujours donné à la canne à sucre seule, et qu'il se rapporterait à un roseau semblable, remplacé dans la suite par la véritable canne à sucre.

Mais n'ayant pas de preuves suffisantes pour appuyer l'idée que je m'étais faite, elle sortit peu à peu de mon esprit, et c'est à peine si le hasard me la rappela. Cependant, en visitant. en 1851, la co-

____

(1) The practical sugar planter.

lonie de Natal en Afrique, je trouvai dans la plante appelée *Imphy* par les Caffres-Zulu, *le roseau sucré*, auquel les anciens auteurs ont sans doute fait allusion. Très-occupé à cette époque d'un tout autre sujet, je ne prêtai qu'une faible attention à cette plante intéressante, et il se passa assez de temps avant que je dirigeasse sur elle toute mon attention et que je connusse ainsi son immense importance pour l'Europe, pour l'Amérique et, j'ose le dire, pour le monde entier.

J'ai vu que d'intelligents colons avaient tenté de faire du sucre avec ce jus si riche, mais qu'ils avaient tous échoués dans leurs essais.

Nullement découragé, j'envoyai les plus intelligents de mes domestiques caffres me recueillir au loin de la graine de toutes les espèces d'*Imphy* connues par eux, j'en obtins ainsi quinze espèces plus ou moins différentes les unes des autres, mais toutes connues sous le nom générique d'*Imphy*, et classées en botanique sous la dénomination d'*Holcus saccharatus* (Linnée).

Je plantai toutes ces graines et je fis du sucre avec chacune des quinze espèces, ce qui me mit à même de connaître non-seulement la valeur saccharine de chacune, mais aussi les particularités de leur croissance, de leur reproduction, etc., etc.

Les résultats de mes observations, et d'une étude continue de leurs propriétés, sont consignés dans les pages suivantes. Ma fabrication réussit

si complétement que je quittai Natal pour venir en
Europe poursuivre ma découverte et annoncer au
monde manufacturier l'importance de ces plantes
pour la fabrication du sucre.

En parcourant dernièrement divers ouvrages
botaniques, je vis que des essais avaient été faits
par M. Arduino et d'autres, pour introduire des
variétés de cette plante dans la culture européenne
afin d'en extraire du sucre ; mais pour une cause
ou pour une autre, ils n'ont eu jusqu'ici aucun résultat.

Je ne suis nullement surpris de cet insuccès,
persuadé qu'il dépend essentiellement, en Europe, .
de l'espèce particulière d'*Imphy* qu'on y cultive,
et ensuite de la méthode qu'on emploie pour traiter le jus.

Je vis aussi comme un fait établi que les habi-
tants du nord de la Chine l'emploient pour faire
une sorte de sucre.

Cela peut aussi bien être que ne pas être, car
on sait que presque tout le nord de la Chine et
pour ainsi dire tout cet immense empire, peuvent
être regardés comme *pays inconnus*, et ils sont en
effet si bien ignorés, comme je l'ai déjà fait obser-
ver, qu'un grand nombre d'arts et de procédés
peuvent bien y exister maintenant, sans que pour
cela nous en ayons la moindre connaissance.

Dans la fabrication du sucre cristallisé ou d'autres produits de l'*Imphy* ou *Holcus Saccharatus*,

j'ai obtenu le succès le plus positif. Je vais tâcher, dans les pages qui suivent, de démontrer aux yeux du public la valeur de ces plantes, en espérant présenter bientôt à l'attention de mes lecteurs, une édition plus complète de cet ouvrage.

CHAPITRE PREMIER.

Notice botanique.

Il est très-difficile pour moi, qui ne suis pas botaniste, de donner une description satisfaisante de l'*Imphy* des *Caffres-Zulu* ; car après les plus soigneuses recherches dans des ouvrages spéciaux, et après avoir consulté d'éminents botanistes, je n'ai pu arriver qu'à cette conclusion, qu'il règne parmi eux, et dans leurs rapports sur ce point, une incertitude et une confusion singulières ; cela vient évidemment de ce que les différences qui existent entre les variétés d'*Imphy* et de *Ma-be-li*, ou blé de Caffrerie, n'ont pas été étudiées par des botanistes assez compétents. J'espère cependant mettre fin, d'ici à peu de temps, à ce fâcheux état de choses, car je cultive avec succès en ce moment, en Angleterre, trois sortes de véritable *Imphy*, ce qui, avec mes spécimens, quoique desséchés, me permettra d'obtenir du docteur

Thomson (botaniste distingué) leur véritable des—cription. Bien que n'ayant pas d'échantillons de blé de Caffrerie ou de Guinée auxquels nous puissions les comparer.

Je dirai cependant, que je suis entièrement d'accord avec Linée, Brown et autres, sur le nom botanique qu'ils ont donné à l'*Imphy ;* c'est-à-dire, *Holcus-Saccharatus ;* le blé Caffre ou de Guinée étant le *Sorghum vulgare* ou *Sorghum Halepense,* ou bien encore *Sorghum Andropogon ,* ainsi qu'ils sont appelés par différents auteurs.

Dans un ouvrage intitulé : *Hortus Américanus,* publié, il y a bien des années, à la Jamaïque, par le docteur Barham, le blé de Guinée si universellement cultivé dans cette île, est décrit ainsi : *Holcus Sorghum* ou *Sorghum vulgare,* originaire des côtes de Guinée ; ordre naturel, *Graminé,* classe *Polygamia* ; ordre Monœcia, et la description générale qui en est donnée ici, s'accorde sous tous les rapports, avec mes propres observations.

Plusieurs autres sortes de la même graine sont cultivées par les Caffres-Zulu sur les côtes sud-est de l'Afrique, mais sont toutes comprises sous le nom général de *Ma-be-li ,* quoiqu'il existe une grande différence entre elles, non seulement dans les particularités de l'épi, mais encore dans le jus de la tige, qui est légèrement sucré dans les unes, et très-faiblement dans les autres. Ces différentes espèces sont toutes cultivées pour leur grain seu—

lement, tandis que l'*Imphy* ou *Holcus Saccharatus* est cultivé uniquement à cause de son jus sucré, et jamais, à ma connaissance du moins, pour ses grains, que les Caffres disent ne pouvoir servir à la nourriture de l'homme ; pour expliquer cela, je dois dire qu'ils ne font jamais moudre leur *Ma-be-li* pour en extraire la farine, mais qu'ils le font bouillir tel qu'il est ; ils considèrent l'*Imphy*, lorsqu'il est ainsi préparé, comme très-nuisible.

Les différences essentielles et réelles entre le *Sorghum Andropogon* et l'*Holcus Saccharatus* ne sont pas celles sur lesquelles se sont malheureusement basés quelques-uns de nos botanistes modernes, et exposées dans ce qui suit : « Mais la plupart des botanistes paraissent s'accorder à dire qu'il n'existe que deux types principaux auxquels tous les autres sont subordonnés. Le *Sorghum vulgare* a un épi ovale plus ou moins rigide et des branches ascendantes, tandis que le *Sorghum Saccharatum* ou *Holcus Saccharatus*, a un épi maigre et des branches faibles, allongées, et quelquefois pendantes. »

Au moins *trois* ou *quatre* sortes d'*Imphy* savoir le *Koom-ba-na*, le *Shla-goon-di* et le *Oom-si-a-na* ont des épis *raides et serrés*, et des branches *droites*, *raides* et *très-courtes*.

Cette définition « *deux principaux types* » est donc entièrement imaginaire, sans valeur, et n'a aucun caractère défini.

Un autre écrivain dit : « La graine de millet, qui est le produit de l'*Holcus Saccharatus*, est importée en grande quantité des Indes, en Angleterre, principalement pour faire des puddings, et beaucoup de personnes la préfèrent au riz. » A cela j'objecterai que cela n'a aucun rapport avec cette espèce ; c'est un millet tout différent.

Pour rendre la confusion plus compliquée encore, quelques botanistes appellent de même le Broom—corn, *Sorghum Saccharatum*, et confondent toutes ces distinctions si simples.

Malgré toutes ces complications scientifiques, je crois que nous pouvons regarder l'*Imphy* (de toutes les espèces) comme étant l'*Holcus Saccharatus*, classe parfaitement distincte, et non comme un *Sorghum*.

On dit que la semence de cette plante fut introduite en Angleterre, en 1759, *on ne sait pas dans quel but*, mais vu la confusion qui existe à ce sujet parmi les botanistes, je n'y ajoute pas foi, et je crois plus probable que c'était une sorte de *Sorghum*, introduite pour son grain.

On ne peut pas douter cependant que le professeur Piétro Arduino, de Florence, ait découvert, dès l'année 1766, une ou plusieurs espèces d'*Holcus Saccharatus*, et en 1786 il publia un mémoire sur ses expériences concernant la fabrication du sucre fait avec cette plante ; il paraît qu'il s'efforça d'en établir la culture en Toscane, mais que par des causes qui n'ont pas été clairement rapportées, il ne réussit pas.

Depuis cette époque jusqu'à nos jours, on peut dire que ce qui a rapport à cette plante est resté dans une complète obscurité (en ce qui concerne l'Europe.)

Cela est si vrai, que bien que j'aie été planteur de cannes à sucre pendant un grand nombre d'années de ma vie, et que comme auteur j'aie recueilli toutes les informations qui ont eu rapport à la production du sucre dans les temps anciens et modernes, je puis affirmer que je n'en avais jamais entendu parler avant de résider dans la colonie de Natal sur les côtes orientales de l'Afrique, où elles croissent en abondance. Ce ne fut que lorsque j'arrivai en Angleterre, cette année, que je pus obtenir les ouvrages des auteurs scientifiques pour en apprendre les caractères botaniques, et les efforts faits pour les faire connaître.

C'est avec la plus grande difficulté que je suis parvenu à obtenir les *quinze espèces d'Imphy* que j'ai maintenant, et je n'aurais jamais acquis une connaissance sérieuse de leurs particularités et de leur valeur, si je ne les avais pas cultivées moi-même sur une assez grande échelle, étudiées à fond pendant leur croissance, et enfin, si je n'en avais fait une grande quantité de sucre.

Je possède en ce moment en Angleterre, la semence que j'ai obtenue de cette culture et en assez grande quantité pour ensemencer quelques centaines d'acres.

Quelques pieds, poussés cette année dans ce pays, sont déja parvenus à une parfaite maturité, et leurs grains sont pleins et serrés.

J'en ai fait pousser aussi cette année, en Belgique et dans plusieurs autres parties du continent, où ils ont remarquablement bien réussi.

Mais si nous remontons de notre temps aux époques les plus reculées pour rechercher parmi les ouvrages des anciens auteurs quelques notes authentiques sur l'*Imphy* ou *Holcus saccharatus*, nous devrons avouer l'insuccès de nos recherches, car les renseignements sur la canne à sucre contenus dans leurs écrits ont été longtemps après repris par Porter et d'autres auteurs qui se les sont appropriés comme faisant partie de l'histoire de la canne à sucre.

Mais si nous examinons un peu la matière, nous trouverons de nombreuses raisons pour croire que l'*Holcus saccharatus* a souvent été pris pour la canne à sucre, plus particulièrement par les auteurs Romains. Ainsi on trouve dans Lucian, cette ligne (livre 3, page 237) :

« Quique bibunt tenerâ dulces ab arundine succos. » (1)

(1) « Et ceux qui boivent le doux jus de ce tendre roseau. »

qu'on ne peut supposer être applicable à la tige dure et forte de la canne à sucre.

En outre, nous savons que les Romains avaient une connaissance générale et approfondie des produits de l'Éthiopie, dans lesquels on trouve les variétés de l'*Holcus Saccharatus*, et ils savaient sans doute que les naturels mangeaient, ou |plutôt mâchaient ces tiges, pour le jus sucré qu'elles contiennent.

Les marchands du pays qui portaient une espèce grossière de sucre à Musiris et à Ormus, disaient toujours qu'ils le tiraient d'un *roseau*, et je ne doute pas qu'ils l'obtenaient réellement de cette plante, *semblable à un roseau*, jusqu'à ce que la canne à sucre l'eût détrônée dans leur esprit et qu'elle fut cultivée à sa place.

Je pourrais encore m'étendre sur cette intéressante question si les limites étroites de cette notice ne me forçaient à terminer ce chapitre.

Je crois pouvoir considérer l'*Holcus Saccharatus* comme un chaînon qui unit entre eux les sorghums et la canne à sucre.

J'éprouvai une vive impression lorsque je vis pour la première fois l'extrême grandeur du *Vimbis-chu-a-pa* et de l'*E-na-moo-dee* (1). Je me persuadais presque qu'ils étaient en réalité des variétés entre la canne à sucre et le blé de Caffrerie (*Sorghum Vulgare*).

(1) Les deux plus grandes espèces d'Imphy.

Mais cela n'est pas le cas et il reste à voir si nous pourrions, en faisant ce qui est nécessaire, obtenir des variétés entre l'*Imphy* et *la canne à sucre*.

Wilkinson dit que l'*Holcus Saccharatus* (nom arabe *Dokhn*) croît en Nubie et dans les oasis, près de Asouan.

Il y a en Égypte six espèces de Sorghums qui sont : le Doora Siayfi ou Bali, le Doora Byood ou Diméeree ; le Doora Hamra ; le Doora Kaydi ; le Doora Owayegh ; et le Doora Saffra.

CHAPITRE II.

Des differentes variétés d'Imphy.

Je connais quinze variétés d'*Holcus Saccharatus*, mais bien que je ne doute pas qu'il y en ait d'autres dans des parties du monde qui me sont inconnues, je bornerai mes remarques à celles-ci, et pour prévenir les répétitions constantes de leur nom botanique, je me servirai seulement de leur nom caffre d'*Imphy*.

Les Européens habitant le midi de l'Afrique ne connaissent aucune différence entre ces variétés, et ils seront très-surpris d'apprendre qu'il y en a quinze espèces poussant sous leurs yeux et dont ils mangent constamment. Il y a certainement entre elles, quand on les voit croître ensemble, un degré de similitude fait pour embarrasser quelqu'un qui ne les aurait jamais étudiées, et cela est tellement vrai, qu'il n'y a que peu de Caffres qui puissent les distinguer. Je fus obligé d'avoir recours à la science des vieilles femmes de ce pays, jusqu'à ce que je pusse distinguer moi-même avec certitude, les variétés de ces plantes.

Après avoir atteint ce premier but le plus important, il me fallut apprendre leurs différentes particularités et leur valeur. J'y parvins, en semant les graines, les surveillant tous les jours pendant leur croissance, examinant de temps en temps la valeur saccharine de leur suc et en en faisant du sucre en grande quantité.

Le *Vim-bis-chu-à-pa* est la plus longue et la plus forte de toutes les espèces ; elle est en même temps pleine d'un jus très-sucré, et lorsqu'elle est semée dans un riche terrain d'alluvion, elle parvient à sa plus grande hauteur et à son développement le plus parfait. Elle demande de quatre à cinq mois pour arriver à maturité et s'élève à une hauteur de 10 à 15 pieds, le bas de sa tige a de 1 pouce 1/2 à 2 pouces de diamètre et se fend habituellement en mûrissant. Avec un ancien et mauvais petit moulin à bras, j'obtins des tiges 60 pour 0/0 de jus ; il était limpide et clair, et le saccharimètre indiquait 14 pour 0/0 de sucre après que la fécule en avait été extraite par le moyen du raffinage à froid.

Le sucre que cette variété fournit est tout-à-fait semblable à celui de la canne à sucre des Indes-Orientales. Les tiges toutes préparées pour le moulin et soigneusement pesées, variaient de 1 livre 1/2 à 2 livres 1/2 chacune : son épi qui est grand et beau, a généralement de 12 à 18 pouces de long et contient plusieurs milliers de grains bien pleins, couleur jaune sable ; ils sont retenus par une sorte d'étui qui les enveloppe en partie.

L'-*E–a–na–moodi*, est la seconde pour la grandeur, elle ressemble beaucoup à la première et a la même valeur qu'elle. Elle atteint une hauteur de 12 à 13 pieds mais n'est pas si grosse en apparence et ne contient pas tant de fibres ligneuses que le *Vim–bis–chu–à–pa*; elle est moins dure et contient plus de jus; j'en ai obtenu 64 0/0 de jus contenant 14 0/0 de sucre. Les tiges, quand elles sont préparées pour être moulues, pèsent d'une livre à 2 livres. J'en ai coupé jusqu'à onze sur le même pied. Les épis sont gros, raides, droits et renferment une grande quantité de grains gros et ronds qui mûrissent généralement quinze jours ou trois semaines avant les deux premières espèces.

Comme le *Vim–bis–chu–à–pà*, cette variété repousse trois mois ou trois mois et demi après la première.

L'*E–éngha*, cette belle et grande espèce de 10 à 12 pieds de hauteur lorsqu'elle a terminé sa croissance, est plus élancée qu'aucune des précédantes, et extrêmement gracieuse; elle commence à fleurir au bout de quatre-vingt–dix jours et est mûre trois semaines après; nous pouvons donc fixer le terme de leur maturité à quatre mois.

J'ai eu des tiges pesant 1 livre 14 onces chacune, mais le poids le plus fort obtenu habituellement est de 2 livres. Elles rapportent avec mon mauvais petit moulin 68 0/0 de jus contenant 14 0/0 de sucre. J'ai récolté dix tiges sur un pied et elles repoussaient trois mois après les avoir coupées. L'épi de l'*E'engha* est grand et très-beau; il a de longues tiges déliées se courbant gracieusement sous le poids de la graine, qui est d'un jaune foncé ; celle-ci est longue et plate, plutôt que ronde et grosse.

Le *Ni-a-za-na* est regardé par les Caffres-Zulu comme étant la plus sucrée de toutes les sortes d'*Imphy* ; mais je trouve que le *Boomwana* et l'*Oom-si-ana* le sont tout autant ; à mon avis, ils lui sont même supérieurs en quelques points.

Mes Zulus m'ont dit qu'avec un temps favorable, le *Ni-a-za-na* mûrit souvent en 75 jours, et mon contre-maître (un laboureur intelligent) déclare qu'il en a eu dans sa propre terre d'aussi sucré que la canne à sucre. J'ai reconnu moi-même qu'il mûrissait en trois mois et qu'il est plus tendre et plus abondant en jus qu'aucune autre espèce.

J'en ai obtenu avec mon moulin 70 0/0 de jus, et beaucoup en restait encore dans le déchet. Le saccharimètre marquait 15 0/0 de sucre après le raffinage à froid.

Cette plante est donc précieuse pour la culture européenne et y sera bientôt très-recherchée et généralement cultivée. Deux mois après la première coupe, j'ai eu des repousses de six pieds de haut en fleurs.

Le *Ni–a–za–na* est d'une variété beaucoup plus petite, mais les laboureurs en ont très-souvent coupé quinze tiges sur un pied.

Une partie de ces tiges variaient en poids de 4 à 12 onces, mais elles poussaient plus grosses que celles de l'espèce précédente. Leur jus me paraissait toujours plus mucilagineux et plus abondant en fécule que celui des deux variétés dont j'ai parlé ci–dessus. L'épi en est très-touffu et très-fourni, et quand il est entièrement mûr, les grains en sont larges, grands et gros.

Le *Boom–vwa–na* est une variété encore meilleure. J'en ai goûté quelques tiges qui contenaient certainement 2 ou 3 pour 0/0 de sucre de plus que les jus obtenus ordinairement de grandes bottes de tiges prises au hasard.

Ce jus ne contient jamais moins de 14 pour 0/0 de sucre, après que le jus brut a été raffiné à froid.

Le jus de cette variété et celui de l'*Oom–si–a–na* ont une limpidité, une clarté et une douceur très-remarquables. Elles ont beaucoup de rapport pour l'apparence et dans leur croissance avec l'*E–engha*, mais leurs tiges sont plus courtes et plus légères, et leurs feuilles moins larges. Ces mêmes tiges sont d'un rose qui devient plus foncé à mesure qu'elles approchent de leur maturité, et l'enveloppe de leur graine est d'un rose pourpre sur un fond jaune.

Le *Boom-vwa-na* est très-productif, un pied donne de dix à vingt tiges, mais qui pèsent rarement plus d'une livre. Il produit 70 pour 0/0 d'un jus facile à clarifier et qui fait de très-beau sucre. Cette plante parvient à maturité dans l'espace de trois mois à trois mois et demi.

L'*Oom-si-a-na* est une variété très-distincte, par l'apparence pourpre ou noire de ses épis, produite par l'enveloppe de ses grains et non par le grain lui-même.

Ces épis sont raides et droits, les grains en sont larges, ronds et pleins, et le pied des tiges gros et fort. Cette plante ressemble beaucoup pour la durée de sa croissance et la bonté de son jus au *Boom-vwa-na* ; ses tiges sont petites mais nombreuses, et repoussent trois mois après la première récolte.

Le *Shla-goova* est un peu inférieur aux trois variétés dont j'ai parlé plus haut, mais il est néanmoins très-précieux et très-estimé par les Zulus ; il met trois mois et demi à mûrir et devient très-grand, il est aussi particulièrement remarquable par la grande beauté et l'élégance de ses épis. Ses tiges sont extrêmement longues, ce qui leur donne une gracieuse courbure, tandis que la couleur de l'enveloppe du grain varie du rose au rouge, et du pourpre clair au pourpre foncé. Chacune de ses brillantes et éclatantes couleurs forment un fort bel ensemble.

Le *Shla-goon-di* est une variété bonne et sucrée qui, cultivée dans des conditions favorables, produit des tiges d'une bonne venue. Ses épis sont très-raides et très-forts, l'enveloppe de ses grains est dure et bien close.

Il lui faut habituellement trois mois et demi pour arriver à maturité, et elle repousse promptement, ainsi que le prouve la note suivante, qui se trouve dans mon journal : « Le 13 décembre on coupa une partie de l'Imphy, on bêcha la terre, afin de planter de l'arrowroot, mais quelques-uns des Imphy n'étant pas entièrement déracinés, donnèrent de nouvelles pousses; plusieurs de ces racines avaient jusqu'à quinze tiges. Le 18 février, une de ces plantes (*Shla-goondi*) était parvenue à une hauteur de 6 pieds. Sa tige était très-forte, et l'épi commençait à paraître. Il ne s'était écoulé que deux mois et cinq jours depuis que le pied avait été coupé, et en apparence détruit. Je recueillis leur semence dans les premières semaines de mars, et je les ai maintenant en Angleterre.

Le *Zim-moo-ma-na* est aussi une variété bonne et sucrée ; les épis sont droits et serrés, et leurs grains beaux et nombreux.

L'*E-both-la*, le *Boo-i-ane*, le *Koom-bana*, le *Si-en-yla-na*, le *Zimba-zana*, et l'*E-thlo-sa* forment le reste des quinze variétés, et diffèrent chacun un peu des autres, autant en apparence que dans leurs qualités saccharines ; mais elles sont faciles à distinguer les unes des autres par quelqu'un qui les a étudiées.

Je ne vois pas la nécessité d'entrer à présent dans de plus grands détails regardant ces différentes espèces, parce qu'une édition plus grande de ce livre contiendra toutes leurs particularités.

J'ai remarqué que toutes ces variétés sont connues (de la colonie du Cap à la baie de Delago) sous le nom général d'*Imphy* des Caffres-Zulu. Ce même nom est employé aussi par les Européens, qui les appellent quelquefois les *cannes à sucre Caffres*, parce que les Caffres les cultivent autour de leurs villages pour les manger, comme ils mangent la vraie canne à sucre. Je n'ai jamais rencontré un seul Européen qui put reconnaître une sorte d'Imphy d'une autre, pas même ceux qui étaient depuis dix ou vingt ans dans la colonie.

Voici des faits qui sont particulièrement remarquables :

1º Les Zulus n'ont jamais cultivé, à ma connaissance, l'*Imphy* pour son grain ni pour aucune autre chose. Ils en mâchent la tige pour son jus sucré ;

2º Pendant que les grains murissent, ils ne sont jamais attaqués par les oiseaux tandis qu'il faut un grand soin pour préserver de leur voracité les grains du blé de Caffrerie (blé de Guinée) ou *Sorghum vulgare*.

Cela est tellement vrai, que je ne pense pas avoir perdu un seul grain par les oiseaux, tandis qu'il est impossible de les éloigner du blé de Caffrerie. Comme les Caffres cultivent l'Imphy uniquement pour son jus, ils ne laissent mûrir de grain que ce qui est nécessaire pour la semence de l'année suivante, et aussitôt que l'épi se montre, ils le détachent de sa tige en lui donnant une forte secousse. Ils prétendent que par ce moyen l'élaboration du suc de la plante est améliorée, et qu'il devient plus doux que lorsqu'elle nourrit des grains, aux dépens de la matière saccharine.

A un certain point de vue, cela est sans doute très-raisonnable, et réussirait très-bien si on pouvait empêcher la plante de distribuer sa sève par ses efforts naturels à se reproduire dans de nouvelles pousses; mais la grande loi de la nature est si impérieuse, qu'aussitôt que l'épi est enlevé, les poussent repartent immédiatement de chaque nœud de la tige et grossissent rapidement. Elles acquièrent en peu de jours un pied de longueur, et sont couronnées par de petits épis. Ils ont ainsi de quatre à six épis, aulieu d'un seul qu'ils ont retiré.

Mes propres expériences m'ont amené à douter beaucoup de l'avantage de cette violation des lois de la nature, et je m'abstiens de couper les épis, persuadé que je gagne plutôt que de perdre, en n'y touchant pas.

J'ai enlevé, dans plusieurs circonstances, ces jets

avec mon canif, mais très-peu de temps après il en sortait une quantité de nouveaux, de sorte que j'y renonçai. Il est très-important de connaître ce fait pour étudier ce qui concerne la repousse.

La description que j'ai donnée suffira à montrer la valeur comparative des différentes sortes d'*Imphy*, et il sera évident pour tout le monde que la bonne culture de cette plante, propre à la fabrication du sucre, dans la plus grande partie de l'Europe, dépend presque entièrement du choix de l'espèce convenable.

Le caractère capricieux de l'été en Europe est bien connu; à un temps chaud et même tropical peuvent succéder subitement des journées froides, rudes et humides qui retardent beaucoup la croissance de ces plantes. Au lieu des trois mois et demi à quatre mois exigés dans des circonstances favorables, il leur faut un espace de temps beaucoup plus long pour arriver à maturité, et peut-être même n'obtiendrait-on pas le même résultat. Mais d'un autre côté, si nous ne plantons que les espèces qui n'exigent que de deux mois et demi à trois mois d'un temps continuellement chaud, nous rendrons le succès de la culture aussi certain que possible.

L'introduction de variétés auxquelles le climat d'Europe ne convient pas, a été jusqu'ici la seule raison de la non réussite. Je regarde, comme les plus propres à la culture européenne, le Ni-à-zana, le Boom-vwa-na, et l'Oom-si-à-na.

L'*Imphy* est une plante grande, élégante et flexible; son feuillage est léger et gracieux, ses couleurs sont brillantes et variées dans les différents degrés de sa croissance; elle exhale un parfum à la fois fort et agréable, qui tient un peu du bon miel nouveau.

CHAPITRE III.

Culture: comprenant le Sol, le Climat et les Saisons.

Climat. On peut, sans crainte de se tromper, affirmer que, partout où l'on sème le maïs ou blé de Turquie, que partout où il germe et amène sa graine à maturité, l'*Imphy* peut, dans les mêmes circonstances, croître et élaborer ses sucs de manière à les rendre propres à la fabrication du sucre; on doit aussi se souvenir que le maïs comprend des variétés qui mettent cinq mois à mûrir et d'autres qui n'en demandent que trois; il en est de même de l'Imphy, dont certaines variétés sont bonnes à récolter au bout de quatre mois et demi, et d'autres qui mûrissent en deux mois et demi ou trois mois seulement.

Il est un fait très-essentiel et qu'on ne doit point oublier, c'est d'adapter toujours la variété qui convient au caractère particulier de la localité : je crois enfin qu'on ne peut mieux définir le rang climatérique occupé par l'imphy qu'en le classant pour ce caractère à côté du maïs.

Dans le nord de l'Europe et dans la plupart des contrées septentrionales du globe, aucune sorte de maïs ne peut être cultivée avec succès, si elle n'appartient à l'espèce dont la graine est mûre au bout de quatre-vingt-dix jours : on verra de même que dans toutes les localités on ne pourra cultiver avec succès que les variétés d'imphy qui se trouvent mûres au bout d'un même espace de temps. Combien donc est immense le champ qui nous est laissé pour l'acclimatation de cette plante. Il comprend en effet tous les pays de la terre où règne, pendant trois mois, un été chaud ; c'est-à-dire, que cela n'excluerait pas même le Canada et la Russie. Mais en approchant de l'équateur, la saison d'été se prolonge bien au-delà, et jusqu'à remplacer complétement l'hiver, de sorte que le temps propice à la croissance est considérablement prolongé, et qu'au lieu d'une récolte, on peut en obtenir deux, trois et jusqu'à quatre dans une année.

Il est évident aussi, que plus l'été est long, et plus les espèces qu'on cultive peuvent être choisies parmi celles qui demandent plus de temps, et qui, par conséquent, arrivent à un état beaucoup plus volumineux et plus fécond en sucre.

Le peu de succès qui, d'après certains rapports, suivit les tentatives faites par signor Arduino de Florence, pour introduire dans la culture européenne des variétés d'*Holcus Saccharatus*, et la non réussite finale vint de cette simple circonstance, qu'il avait fait ses essais sur des variétés demandant, pour arriver à maturité, un temps trop long pour pouvoir convenir à l'été court et variable de l'Europe.

Je ne saurais trop arrêter l'attention de mes lecteurs sur ce sujet, car de là dépend *le succès* ou l'insuccès de cette culture. Dans les climats tropicaux, le planteur est libre de choisir la variété que son jugement ou son expérience lui fera préférer, et on ne pourrait même établir aucune règle fixe à cet égard.

Il est à supposer qu'il choisira les variétés particulières qui, non-seulement lui offriront un ample rendement par acre, mais qui lui laisseront aussi du temps pour ses opérations manufacturières en n'arrivant pas à maturité toutes à la fois.

Sol. — L'Imphy peut parfaitement germer et produire du sucre dans des terrains très-différents, et sous ce rapport, il ressemble beaucoup à la canne à sucre, mais parmi les nombreux avantages qu'il a sur sa puissante rivale, il jouit du privilége d'être complètement préservé de l'attaque des fourmis blanches, avantage trop important pour être passé sous silence.

Dans la colonie de Natal, située sur la côte sud-est de l'Afrique, la fourmi blanche est aussi redoutable et aussi nombreuse que dans l'Inde ; il n'y a donc que les terrains bas et marécageux qui, dans cette colonie, puissent être employés à la culture de la canne à sucre. Et ce fait est un grand obstacle à l'extension de sa culture dans la colonie de Natal, obstacle qu'aucun moyen humain ne peut surmonter. Mais un tel fléau ne s'étend pas sur l'*Imphy*, au contraire, les fourmis blanches, quoique répandues dans le sol, ne touchent jamais à cette plante. J'ai fait pousser une belle récolte d'Imphy au sommet d'une colline sablonneuse où il aurait été tout à fait impossible de faire croître la canne à sucre, à cause de ces insectes.

Cela peut paraître un sujet insignifiant à développer, et cependant il est de la plus haute importance pour Natal, pour l'Inde en général, pour la colonie des détroits (Malacca), et pour tous les autres pays où règne ce véritable fléau, parce qu'il permet la production de l'Imphy sur des millions d'acres tout à fait impropres à la culture de la canne à sucre.

Ce seul fait est capable d'augmenter en peu de temps et dans une proportion énorme le prix de la terre à Natal, à la colonie du Cap et dans une foule d'autres pays.

J'ai parlé ici des fourmis blanches, en traitant des terrains convenables à la canne à sucre, et

nous venons de voir qu'il est absolument nécessaire d'en exclure tous ceux infestés par ces insectes, tandis que dans la culture de l'*Imphy* leur
présence n'amène aucune conséquence fâcheuse.

Dans les riches terrains d'alluvion , dans les sols
marneux , en un mot, dans presque tous les bons
terrains convenablement fumés d'engrais végétal,
l'*Imphy* prospère et devient magnifique , s'il y
trouve assez d'humidité.

Abondance de terreau, force chaleur et lumière,
beaucoup d'humidité, telles sont les conditions essentielles au complet développement de la plante
et à la parfaite élaboration de son jus, de manière
à lui faire fournir sa quantité maximum de matière
saccharine.

Si après une saison pluvieuse survient une période de temps sec, au moment où la plante ap-
proche de sa maturité, alors le jus est plus particulièrement riche en sucre.

Les terres amplement pourvues d'engrais animaux, c'est-à-dire toutes celles qui abondent en am-
moniaque et autres matières salines, donnent nais-
sance à de magnifiques plantes, mais dont le jus est
tellement mucilagineux et salin, qu'il est tout à fait
impropre à la fabrication du sucre. C'est pourquoi
on doit soigneusement éviter de planter ainsi. La
même règle s'applique à la canne à sucre, à la betterave, et à toutes les plantes produisant du sucre,
et si on l'enfreint, on ne devra pas s'étonner

de n'avoir pour résultat qu'un désappointement complet.

MODE DE CULTURE.—Dans quelques circonstances, j'ai baigné les graines de l'*Imphy* dans de l'eau chaude pendant vingt-quatre, et même pendant quarante-huit heures, avant de les semer, afin d'accélérer leur germination. Par un temps chaud et humide, le grain ainsi préparé était germé au bout de *quatre* jours ; tandis qu'étant planté durant un temps humide, mais sans l'aide de ce procédé, il mettait généralement six ou sept jours pour arriver au même point. Si après les semailles il survient un temps sec, il leur faudra dix, et jusqu'à quatorze jours pour sortir de terre, mais étant bien imbibés d'humidité avant d'être plantés, on pourra obvier à cet inconvénient. Je regarde donc cette méthode comme bonne.

Le grain demande à être très-peu couvert, car s'il était trop profondément enfoui, il pourrait se gâter, surtout s'il pleuvait après les semailles, mais légèrement couvert, il ne souffre pas de la pluie la plus constante.

J'ai perdu une grande quantité de graines pour les avoir semées trop profondément; j'aurai bien soin à l'avenir de ne pas commettre la même erreur.

Si donc on les a fait baigner pendant vingt-quatre heures, et qu'alors on les sème sur couche, et qu'on ait soin de les tenir convenablement humides, on peut toujours compter (par un temps chaud) les avoir en quatre jours à un pouce de terre. Cette *première végétation* est un grand point partout où le temps de la chaleur est de peu de durée, mais elle n'est inutile dans aucun cas, et devient même d'une immense importance en Angleterre et dans quelques parties du nord de l'Europe. Il est encore une question digne d'intérêt, c'est de savoir s'il ne serait pas avantageux de semer la graine sous serre pendant la première période de sa croissance, et de repiquer ensuite en pleine terre les jeunes cannes avant l'âge d'un mois.

Ce procédé ne demande pas beaucoup plus de travail que celui qui consiste à faire les couches de betteraves, et à transplanter les jeunes pieds. Ma propre expérience m'a démontré, cette année, en Angleterre, que même dans une petite serre, un nombre considérable de jeunes plantes peuvent s'élever sans aucune chaleur artificielle, et elles sont alors si fortes, qu'elles peuvent supporter parfaitement la transplantation. Par ce simple procédé, nous surmontons les difficultés qui nous sont opposées en Angleterre par les gélées tardives et les vents froids, car nous pouvons commencer à transplanter en juin, ce qui donne juin, juillet, août, et une partie de septembre, s'il est nécessaire, pour leur croissance.

Les expériences que j'ai faites cette année même

ont clairement démontré que cet espace de temps est suffisant. Si on fait l'objection que ce procédé coûte beaucoup plus de peine, je réponds qu'il assure d'un autre côté le succès d'une bonne récolte, ce qui est une considération importante.

On doit se souvenir que chaque graine placée dans des conditions favorables, produit de dix à vingt tiges ou cannes, occupant un espace considérable.

J'ai reconnu que des rangées, espacées de trois pieds, et dont les plantes sont séparées par un intervalle de 10 à 12 pouces, pouvaient contenir quatorze mille pieds dans un acre. Dans la plupart des cas, cette distance est convenable, mais les circonstances, toujours variables, qui dépendent du sol, du climat et des saisons, jointes à la différence de volume des variétés de l'Imphy, doivent naturellement amener des différences correspondantes dans le mode de plantation.

J'ai planté le Ni-a-zana en rangées de deux pieds, et puis, en rangées de deux pieds et demi de séparation, mais je n'oserais pas affirmer que dans tous les cas une plantation aussi serrée soit convenable.

Lorsque les plantes se trouvent trop touffues dans les rangées, on peut toujours en diminuer le nombre pendant leur croissance.

La grande objection qu'on peut faire à l'adoption des rangées rapprochées, est la difficulté de sarcler et de fouiller la terre entre elles. Ces opérations sont très-favorables à leur croissance et à leur parfait développement, car l'*Imphy* a cela de commun avec presque toutes les autres plantes, qu'elle aime à avoir le sol allégé et remué autour de ses racines.

Je crois qu'il est presque inutile de faire obser-ver que quoique l'*Imphy* aime l'humidité en abondance dans le sol où elle croît, elle a cependant une aversion décidée pour l'eau stagnante.

Lorsque la plante arrive à maturité elle laisse éclore sa gracieuse fleur, qui se transforme bientôt en un épi abondamment garni, ou plutôt pesamment chargé de graines.

J'ai parlé, dans le dernier chapitre, de la coutume qu'ont les Caffres, d'abattre des épis aussitôt qu'ils paraissent, et je ne puis que répéter le doute que j'ai exprimé sur l'efficacité de ce moyen.

Une fois arrivée à parfaite maturité, la graine est ordinairement lourde et pleine d'une belle farine blanche que je crois très-nutritive et susceptible d'être admise largement dans la consommation.

Malgré les nombreux essais infructueux que j'ai faits, il y a quelques années, pour faire féconder par l'*Imphy* les fleurs de la canne à sucre, de manière à obtenir une graine qui pût germer et produire ces cannes, je ne puis m'empêcher de voir dans l'*Imphy* la plante destinée à effectuer cet intéressant phénomène.

J'ai déjà pris des mesures pour me procurer des fleurs nouvelles de canne à sucre, afin de les mettre en contact avec celles de l'*Imphy* et décider ainsi la question de savoir, d'un côté, si la canne à sucre pourra être amenée à donner une meilleure graine, et de l'autre, si le pollen des fleurs de canne pourra produire quelques changements avantageux dans la graine d'*Imphy*.

Cette question offre un intérêt suffisant pour attirer l'attention des hommes de science et des esprits observateurs, puisque sa solution pourra être d'une utilité pratique pour le monde entier.

Lorsque les graines de l'*Imphy* sont arrivées à maturité, les Caffres–Zulu ont la coutume de les étendre au soleil et à l'air pendant quelques jours, puis de les pendre dans leurs huttes afin de les sécher complètement à la fumée : celle–ci les préserve aussi de l'attaque des insectes, de sorte qu'on peut les conserver parfaitement bonnes pendant plusieurs années. Je trouvai ce procédé si avantageux que je l'adoptai complètement ; je puis donc le recommander aux autres, en toute sûreté.

Nota. Il est à remarquer que les naturels de la Haute-Égypte appellent les Sorghums *Beli* ou Doora, tandis que le nom caffre est *Ma-beli*, Ma n'étant qu'une syllabe qu'ils placent devant un grand nombre d'autres noms propres.

CHAPITRE IV.

De la plante. de ses produits et de sa valeur.

On a vu, d'après ce que j'ai déjà dit, que les cannes de l'Imphy sont beaucoup plus petites et plus légères que celles de la véritable canne à sucre, mais il faut se rappeler que son feuillage n'est pas, à beaucoup près, aussi grand, ni aussi épais que celui de la canne à sucre. Les plants pourront donc être plus près l'un de l'autre, en terre, et compenser par leur nombre la différence de leur poids.

Ainsi, lorsque dans un acre on aura 14,000 racines ou pieds, chaque pied produisant de cinq à vingt cannes, variant de 1/4 de livre à 1 livre 1/2 chacune, on obtiendra à peu près 84,000 cannes pesant 66,000 livres et pouvant fournir 79 pour 0/0 de jus. En n'évaluant le rendement qu'à 70 p. 0/0, on aurait encore 44,100 livres de jus, contenant 15 pour 0/0 de sucre.

Si avec cette quantité de jus le fabricant n'arrivait pas à produire deux tonneaux de beau et **bon** sucre, il serait vraiment peu capable.

Un acre anglais d'*Imphy*, venu à maturité dans des circonstances favorables, donnera pleinement deux tonneaux de sucre bien sec et même plus ; mais je ne veux estimer le rendement moyen à plus d'un tonneau et demi de beau et bon sucre par acre, qu'il produira très-certainement.

Je dois avertir les planteurs qui sont obligés d'employer le rebut de la canne, que celui de l'*Imphy* peut-être employé précisément de la même manière quoique son emploi le plus convenable soit de retourner au sol, sous forme d'engrais.

Les feuilles et les *extrémités supérieures* des tiges, sont une excellente nourriture pour les bêtes à corne, les chevaux, les mulets, les moutons, etc., étant plus délicates que les grosses feuilles de la canne à sucre.

Si on permet à la graine de mûrir, un acre de terre en produira une grande quantité, qui pourra servir de nourriture aux animaux et à la volaille, ou être employée sous forme de farine à la nourriture des hommes.

Je considère 20 boisseaux de ce grain par acre comme un très-faible rapport, mais ce n'est pas une chose à négliger, lorsqu'on calcule l'importance de la plante pour l'Europe et pour le monde en général.

Après avoir montré la valeur d'une récolte d'Imphy, il serait peut-être bon d'ajouter que cette récolte est coupée trois à quatre mois après les semailles, et qu'aussitôt après, une seconde récolte s'élève des mêmes racines, si le temps le permet, pour être en maturité trois mois après, et pour peu que le temps reste assez chaud, on pourra voir germer une troisième récolte.

Nous allons maintenant comparer l'*Imphy* avec sa rivale d'Europe, la betterave, dont la culture pour la fabrication du sucre est devenue si considérable.

J'ai calculé que l'on fabrique maintenant en Europe environ 160,000 tonneaux de sucre de betteraves, provenant de 400,000 acres anglais, c'est-à-dire, donnant un rapport de *huit quintaux* de bon sucre par acre.

Outre le sucre que l'on obtient de la betterave, nous devons aussi considérer ses autres produits tels que la potasse et l'alcool fournis par ses mélasses, et la quantité de nourriture pour le bétail que donnent ses feuilles et sa pulpe, après l'extraction du sucre.

La France possède aujourd'hui, à elle seule, 332 manufactures de sucre de betteraves produisant annuellement environ 75,000,000 de kilogrammes sans tenir compte des mélasses. M. Dubranfaut déclare que, par un procédé à lui, on peut tirer de cette mélasse (après que l'alcool en a été extrait par distillation) une quantité de potasse égale en poids à un sixième du sucre produit par la betterave

Il est cependant tout à fait évident que cette potasse ne peut exister dans les betteraves qu'autant que le sol où elles croissent est abondamment pourvu de matières salines. Dans la plupart des cas, cet excès de matières salines dépend de la quantité d'engrais employé dans le but d'obtenir une récolte de betteraves très-forte en poids et en volume. Ce résultat est certainement obtenu, mais au préjudice de la matière saccharine des betteraves.

Tout en voyant ces produits sous le jour le plus favorable, il ne serait pas raisonnable de soutenir, un instant, que le produit d'un acre de betteraves soit approchant de celui d'un acre d'*Imphy*, c'est-à-dire d'un tonneau et demi de beau sucre par acre, et que sa quantité de mélasse soit comparable à celle de l'*Imphy*.

Un second point de comparaison, c'est les dépenses de la culture et de la fabrication ; et je suis tout à fait convaincu que cette comparaison est entièrement favorable à l'*Imphy* : car aujourd'hui on a la coutume, sur le continent, de semer la graine sur *couche* et de transplanter ensuite les jeunes pieds en plein champ..... Je ne dis pas que cette méthode soit absolument indispensable, ni qu'elle convienne sous le rapport de l'économie, mais je tiens seulement à rappeler que c'est la coutume ordinaire. Le temps qui s'écoule entre les semailles et la récolte des betteraves varie, d'après les informations que j'ai reçues à ce sujet, de sept à huit mois ; cet espace de temps est juste le double de celui que demande l'Imphy pour arriver à maturité. Ce long espace de temps exige naturellement pour la culture un supplément de travail correspondant, mais dans *les deux modes de fabrication*, une différence plus grande encore existe en faveur de l'*Imphy*. Les betteraves doivent passer par un lavage minutieux et avoir leurs *feuilles* et leurs racines enlevées avant d'être propres à subir les opérations manufacturières : alors elles sont *râpées* dans certains cas par un procédé mécanique qui les réduit en une véritable poussière ; elles sont ensuite portées en cet état dans des sacs de canevas et soumises à l'action de la presse hydraulique ou de toute autre presse, afin d'en extraire tout le jus ; ou encore elles sont taillées en tranches très-minces et sont traitées ensuite par divers procédés particuliers tendant à obtenir tout le sucre qu'elles contiennent et dans un état aussi pur que possible. La liqueur saccharine ou le jus exprimé des sacs de canevas, est ensuite extraite chimiquement afin d'effectuer la clarification ; on évapore ensuite jusqu'à ce qu'on arrive à une densité déterminée, alors on filtre à travers le charbon animal et enfin on concentre la liqueur, mais seulement pour lui faire subir un second raffinage , car la cassonade du sucre de betterave est impropre à tous les usages ordinaires, et ne peut être introduite dans la consommation comme celle de la canne à sucre.

Il y a certainement beaucoup d'autres procédés scientifiques à l'aide desquels on extrait le sucre des betteraves, entr'autres l'intéressant procédé chimique (appliqué seulement à un nombre limité de manufactures) qui fait beaucoup d'honneur à M. Dubranfaut ; mais je restreins mes remarques uniquement sur ceux qui sont les mieux connus et le plus généralement employés sur le continent.

La fabrication de l'Imphy est, au contraire, extrèmement simple et le sucre produit, soit brun, soit blanc, ne peut être distingué par les meilleurs juges du sucre de canne de même qualité, tandis que la dépense de fabrication est beaucoup moindre que celle de la betterave.

Le principal résultat de la comparaison, sans parler des dépenses de la cultuture et de la fabrication, peut être ainsi énoncé :

Imphy. Temps de la croissance, de 3 à 4 mois, sucre, par acre 30 quintaux, mélasse, en quantités égales à celles de la canne à sucre.

Betterave. Temps de la croissance, 7 à 8 mois, sucre, par acre 30 quintaux, mélasses, très-inférieures.

Supposant que la valeur des mélasses, du fourrage, etc., soit égale de part et d'autre,

Je puis dire que la valeur comparative est si entièrement en faveur de l'Imphy que la culture de la betterave sera graduellement adandonnée pour être, à la fin, tout à fait négligée.

Arrivons à la canne à sucre sa *redoutable rivale,* je pourrai paraître très-hardi d'essayer une comparaison, mais les faits sont indiscutables et il n'est pas d'homme sensé qui prenne une décision avant d'avoir pesé l'évidence des deux côtés.

La canne à sucre est une plante trop bien connue pour nécessiter ici aucune description, mais il est quelques particularités qui s'y rattachent et que l'on peut citer, quoiqu'elles soient actuellement des vérités reconnues.

1° Elles demandent, selon les circonstances, douze, seize, dix-huit et jusqu'à vingt mois pour arriver à maturité.

2° Quelques cannes très riches en jus contiennent, (chimiquement parlant) seulement 10 0/0 de fibre ligneuse, mais une grande quantité de cannes à sucre doit certainement en contenir réellement une plus forte proportion; quelques-unes en contiennent jusqu'à 30 0/0.

3° Un bon rendement de jus de canne contient 18 0/0 de sucre, pas plus.

4° Une bonne récolte de cannes à sucre produit de 25 à 30 tonnes par acre.

5° Les cannes ont l'inconvénient de dégénérer si vite, qu'il faut constamment faire venir de ces plantes de contrées éloignées.

6° Les repousses de canne sont généralement mûres douze mois après la coupe, et à chaque nouvelle repousse les cannes contiennent moins de jus et une plus grande quantité de fibre ligneuse.

On doit bien considérer les points suivants :

1° Pendant les dix-huit mois de la croissance, que d'accidents peuvent survenir à la récolte : les *orages*, les *grandes sécheresses*, la *foudre*, enfin les *fourmis blanches* ! et quel est le planteur de cannes qui ignore l'étendue menaçante de ces fléaux?

2° La grande proportion de fibre ligneuse que contiennent souvent les repousses et même les cannes, réduit naturellement le rapport du jus; toutes les repousses ne contiennent cependant pas tant de fibre ligneuse.

3° La dégénération de la canne à sucre devint si alarmante à la Jamaïque, que la Société royale d'agriculture, et la société des arts à Londres, recherchèrent par tout le monde la graine de la canne à sucre dans le but de remédier à ce mal imminent.

Maintenant voyons l'Imphy dans toutes ses particularités correspondantes.

1° D'abord, comme je l'ai déjà dit, il ne met que

3 ou 4 mois pour arriver à maturité et il donne ensuite, après la coupe, deux à trois repousses à un intervalle de trois mois (pourvu que la témpérature le permette.)

2° Il contient plus de jus que la généralité des cannes à sucre, beaucoup moins de fibre ligneuse, laquelle n'augmente pas sensiblement dans les repousses.

3° Un bon rapport de jus d'Imphy contient 15 0/0 de sucre.

4° Une bonne récolte de cannes d'Imphy pèse 25 tonneaux par acre.

5° L'*Imphy* se reproduisant par sa graine, il ne peut dégénérer comme le fait la canne à sucre et on peut semer la graine au moyen d'une machine disposée à cet effet.

6° Elle fournit une récolte de repousses six à sept mois après les semailles, c'est-à-dire que *dans cet espace de temps, il y a deux récoltes,* et souvent encore après, des repousses, lorsque le temps est favorable.

J'ai donné assez de preuves de la véracité de ces faits, et lorsqu'ils seront connus par le monde, je me demande ce que deviendra la canne à sucre ?

Quel est le planteur qui, dans les régions tropicales, ne risquera pas quelques fonds pour simplifier sa culture, sachant que ses récoltes seront réalisables en argent dans le court espace de trois ou quatre mois ?

Je puis dire qu'il sera nécessairement forcé d'adopter l'Imphy, et d'abandonner la canne à sucre comme un chétif moyen d'acquérir, car bien qu'en Europe, nous puissions obtenir une récolte chaque année, les procédés de culture si peu coûteux, et les ingénieux moyens de fabrication qui lutteront contre lui ne tarderont pas à le ruiner

Depuis le Canada jusqu'à la Nouvelle-Orléans, en Amérique, il existe un magnifique territoire pour la culture de l'*Imphy*, et dans les états du Sud, deux récoltes pourront être obtenues au lieu d'une faible récolte de canne à sucre qu'on obtient aujourd'hui.

Je pense que ces remarques, bien que courtes, suffiront, quant à présent, à indiquer la valeur comparative de l'Imphy, de la canne à sucre et de la betterave, pour la fabrication du sucre.

CHAPITRE V.

Fabrication du Sucre.

Quand les plantes sont entièrement mûres, on les coupe à ras de terre et on les prépare afin de ne laisser simplement que la tige prête pour le moulin. Les feuilles tiennent quelquefois très-fortement à la tige et ne s'en détachent entièrement qu'avec difficulté. Dans ce cas je les envoie telles qu'elles sont au moulin.

Il y a naturellement plusieurs manières d'obtenir le jus des tiges de l'Imphy, ainsi que celui de la canne à sucre, mais dans ma petite fabrication, j'étais obligé de me servir d'un petit moulin à bras à trois cylindres verticaux faits par un charron pour 2 livres sterling.

Même avec les instruments les plus anciens et

4

les plus mal construits, je suis parvenu à obtenir jusqu'à 70 pour 0/0 de jus de la plus grande partie de ma récolte, quoique je n'eusse aucun moyen de fixer les cannes et de les tenir serrées.

Un moulin mieux construit aurait naturellement produit beaucoup plus de jus, avec moins de peine, chose qu'il est nécessaire de se rappeler.

Ayant obtenu une aussi grande quantité de jus que possible des cannes d'Imphy, la première chose à faire est de le traiter de manière à le placer dans les conditions les plus avantageuses pour les opérations suivantes.

Lorsque ce jus brut découle du moulin, il est reçu par des tamis de différentes grosseurs, afin de le débarrasser le plus tôt possible des impuretés qui s'y trouvent. Ainsi filtré, il n'est arrêté par aucun obstacle et coule par conséquent librement des tamis, dans des vases convenables dont la capacité est connue. Il y est traité par l'action de chaux finement tamisée, jusqu'à ce que le papier de Curcuma (ou autre papier sensible aux alcalis) soit légèrement mais sensiblement impressionné. On le transvase alors immédiatement dans une chausse ou autre appareil propre à filtrer, et on place le jus clarifié dans un filtre qu'on soumet à une chaleur de 160 à 180 degrés. On peut ajouter une infusion de noix de galle et ensuite une quantité proportionnée de chaux, pour en neutraliser l'acidité qui se trouverait en excès. On laisse bouillir la liqueur pendant peu de temps, puis lorsqu'on la trouve assez claire et assez limpide, mais très-légèrement colorée, on la reverse comme auparavant dans un autre filtre. Bouillie ainsi sur un fourneau dans une bassine découverte, d'une forme convenable, cette liqueur pure et claire ne courra pas le risque de devenir trop colorée, pourvu que la bassine soit suffisamment pleine et que l'évaporation se fasse promptement. Cette évaporation doit être continuée jusqu'à ce que la densité de la liqueur se soit augmentée au point qu'il ne reste plus (en poids) qu'une partie d'eau pour trois parties de sucre.

Cette méthode ordinaire d'évaporation a l'avantage de permettre d'enlever l'écume qui s'élève pendant l'ébullition ; on enlève ainsi au sirop son excès de caseine et les obstacles à sa libre cristallisation.

Lorque, par des causes particulières, le raffinage ne s'est pas parfaitement opéré, il est d'une grande importance de pouvoir enlever la caséine; ce qu'on ne peut faire dans un vase clos ou autre bassine à évaporer, avec lesquels on ne peut pas se servir d'une écumoire.

Dans une colonie retirée comme Natal, j'étais obligé de me servir sur un fourneau, de pots ordinaires en fer, non seulement pour évaporer jusqu'au degré de densité indiqué plus haut, mais pour concentrer en même temps mon sirop et adopter les procédés exacts donnés ci-dessus. Je réussissais néanmoins de jour en jour à faire de plus beau sucre.

Le procédé de raffinage que j'ai abandonné peut-être porté à un haut degré de perfection, s'il est soigneuseusement exécuté ; il est en réalité si simple, que la personne qui aurait le moins d'expérience pourrait l'apprendre en fort peu de temps.

M'étant beaucoup étendu sur ce sujet, je ne donnerai qu'une courte explication de mon procédé pour raffiner le sucre.

En éprouvant le sucre brut comme il découlait des tamis, je trouvai qu'il était assez acide pour rougir très-fortement le papier de tournesol ; je le traitai donc par la chaux de coquilles, passée au tamis fin, jusqu'à ce qu'il soit devenu neutre ; pendant cette opération, il se présenta tant de fécule dans le jus que je fus presque effrayé de soumettre à l'action de la chaleur une matière aussi impure. Je me déterminai donc à ne pas le faire, et je traitai ce jus avec une quantité de chaux toujours croissante, jusqu'à ce qu'il devint assez alcalin pour agir sur le papier de curcuma. Le jus ne me parut plus alors qu'une masse de fécule très-singulière; mais sans perdre un instant, je le versai dans des filtres, ayant soin d'y reverser la liqueur encore trouble qui en avait coulé pendant les premières minutes. Le jus filtré devint alors d'une clarté et d'une limpidité complètes, et presque incolore, ce qui démontre l'avantage de ce mode de raffinage à froid. Le principe que j'adoptai était celui-ci : premièrement, de saturer l'acide libre qui était dans le sucre brut, de manière à le rendre neutre , puis de coaguler la fécule le plus possible en saturant les acides qui la tenaient dissoute dans le jus.

Lorsque la chaux s'est ainsi combinée avec ces acides, et a mis en liberté la fécule, la chaux qui se trouve en excès tend à rendre le jus alcalin. Le papier de Curcuma dénote aussitôt cet état, et démontre la nécessité d'une filtration *immédiate*. Le jus devient ainsi clair et limpide, et l'opération étant faite à froid, il reste dans ce sucre une certaine quantité de substance saline, avec un peu de dextrine et de caséïne.

Par ce simple procédé, une grande quantité de matières comprises sous le nom de matières féculentes, sont entièrement extraites avant qu'elles puissent agir d'une manière nuisible sur le sucre contenu dans le jus, ce qui a lieu toutes les fois qu'on soumet à l'action de la chaleur une masse qui n'a pas été clarifiée : et en effet, une fois qu'elle a été soumise au feu, il devient fort difficile d'enlever plusieurs de ces matières étrangères.

Ayant obtenu ce jus clair, le traitement ultérieur est très facile, et alors la chaleur devient utile au lieu d'être nuisible.

Une infusion de noix de galle (ou d'autres substances analogues) sert à coaguler la dextrine et la caséine qui pourrait rester, on emploie en suite la chaux, qui sert à neutraliser l'excès de l'acide.

Lorsque cette opération a été bien faite, une dernière filtration les enlève complètement.

Une chose que je puis affirmer, c'est que la chaux ainsi employée pour le jus brut et froid ne nuit nullement à la cristallisation du sucre qu'il contient; j'en fis le sujet de plusieurs expériences, qui me convainquirent de ce fait.

L'objection que l'on ferait probablement à ce mode de raffinage est l'embarras occasionné par le nombre de filtrations exigées, mais une telle objection ne peut s'appliquer à la manière actuelle, car si le système est combiné avec des procédés d'évaporation et de concentration convenables, on peut obtenir du jus, 15 0\0 de sucre très pur.

Il y a en outre plusieurs moyens de diminuer beaucoup l'inconvénient occasionné par cette quantité de filtrations; ainsi le filtre tournant perfectionné de M. Bessemer, qui se nettoie lui-même jusqu'à un certain degré diminuerait le travail des deux tiers en enlevant la masse des matières féculentes qui se trouve dans le jus, n'en laissant comparativement qu'une très petite partie à retenir par la chausse.

Il y a aussi d'autres sortes de filtres simples, qui seraient peut-être plus convenables que les chausses pour les planteurs.

Quand la liqueur a été suffisamment clarifiée et

dépouillée de sa fécule, on peut la faire évaporer sur un fourneau, dans une bassine de forme convenable, jusqu'à ce qu'elle ait atteint la densité du sirop épais.

Mais si cette méthode est adoptée, je serais d'avis que le procédé de basse température, tel que celui de M. Bessemer, soit employé pour concentrer le sirop en sucre.

Dans ce cas, il devrait sortir des bassines en liqueur claire tant pour la réussite et la rapidité de l'opération, que pour la plus grande facilité qu'elle offrirait pour être décolorée par le moyen de lits de charbon animal.

Un meilleur procédé serait peut-être de passer la liqueur clarifiée à travers du charbon, immédiatement après qu'elle a subi sa seconde filtration, et alors de faire évaporer la liqueur blanche dans la bassine de Bessemer, pour obtenir ainsi, tout d'un coup, un sucre blanc.

Il n'est pas nécessaire, dans une notice aussi courte que je traite de ce qui concerne la granulation, la cristallisation et la séparation des mélasses, ni la manufacture de liqueurs alcooliques tirées des mélasses et des déchets provenant de l'ébullition, car ce sont des sujets suffisamment connus.

J'ai indiqué, dans ce très-court aperçu, les méthodes par lesquelles j'ai fait moi-même avec de l'Imphy le plus excellent sucre et tout le monde peut en faire autant. Je pense qu'il est nécessaire de faire observer que *l'infusion de noix de galle* n'est pas l'agent que je préférerais toujours pour accomplir l'opération qui lui est assignée car, ainsi que je l'ai dit plus haut, on peut employer avantageusement d'autres matières, par exemple le sulfate d'alumine et la chaux. Indépendamment de ses propriétés clarifiantes, il résulte de son emploi un autre avantage qui provient de la combinaison de l'alumine avec la matière colorante qu'elle précipite, ce qui rend la liqueur beaucoup plus blanche. La chaux n'est pas le seul agent qu'on puisse avantageusement appliquer au jus frais dans le commencement de l'opération, il y en a d'autres qu'on peut employer à sa place, mais c'est celui dont je me suis servi le plus fréquemment et avec le plus de succès.

Le sucre que j'ai obtenu de l'Imphy a toutes les propriétés du véritable sucre de cannes et il n'est personne qui puisse les distinguer l'un de l'autre.

Leurs diverses transformations chimiques, sont exactement semblables et identiques sous tous les rapports, plusieurs de mes expériences m'ont démontré d'une manière remarquable et intéressante cette exacte similitude.